ABHANDLUNGEN DER DEUTSCHEN AKADEMIE
DER WISSENSCHAFTEN ZU BERLIN

Klasse für Mathematik, Physik und Technik
Jahrgang 1957, Nr. 3

FRIEDRICH EISENKOLB

ÜBER PULVERMETALLURGISCH HERGESTELLTE GLEIT- UND REIBWERKSTOFFE

Mitteilungen der Sektion für Maschinenbau

AKADEMIE-VERLAG BERLIN
1958

Vorgetragen auf der 8. Sitzung 1957 der Sektion für Maschinenbau am 24. 4. 1957
Vorgelegt von Hrn. Jante in der Gesamtsitzung vom 2. Mai 1957
Zum Druck genehmigt am gleichen Tage, ausgegeben am 30. 3. 1958

Erschienen im Akademie-Verlag GmbH, Berlin W 8, Mohrenstraße 39

Lizenz-Nr. 202 · 100/406/58
Satz und Druck: Druckhaus „Maxim Gorki", Altenburg
Bestell- und Verlagsnummer: 2001/57/I/3
Preis: DM 4,20
Printed in Germany

Über pulvermetallurgisch hergestellte Gleit- und Reibwerkstoffe

Referat

erstattet von F. Eisenkolb, Dresden
in der Sitzung der Sektion für Maschinenbau der
Deutschen Akademie der Wissenschaften am 24. April 1957
in Dresden

INHALTSÜBERSICHT

Arbeitsverfahren der Pulvermetallurgie zur Erzeugung von Formteilen aus Eisen- und Kupferwerkstoffen-Quer- und Längslager aus Sintermetallen — Verbundlager mit gesinterter Bleibronze — gesinterte Kolbenringe — öllos arbeitende Gleitwerkstoffe auf Eisen-Graphit-Basis — Prüfung von Reibstoffen — Brems- und Kupplungsbeläge aus Eisen-Graphit-Werkstoffen mit hohem Graphitgehalt.

Allgemeiner Herstellungsgang

Durch Anwenden pulvermetallurgischer Verfahren ist es möglich, metallische Werkstoffe zu gewinnen, die nach anderen Methoden nur schwierig oder überhaupt nicht herstellbar sind. Dazu gehören insbesondere porige metallische Werkstoffe und Werkstoffe aus metallischen und nichtmetallischen Bestandteilen. Gerade solche Werkstoffe haben aber im Maschinenbau für Gleitlager und Führungselemente einerseits sowie für Brems- und Kupplungsbeläge anderseits große Bedeutung. Bevor auf die dafür in Betracht kommenden Werkstoffgruppen eingegangen wird, soll eine kurze Beschreibung der pulvermetallurgischen Arbeitsweise gegeben werden.

Für pulvermetallurgisch herzustellende Maschinenteile kommen vorwiegend Eisenwerkstoffe und Buntmetalle in Frage. Leichtmetalle haben zur Zeit nur für einige wenige Sondererzeugnisse Beachtung gefunden. Bei der Herstellung der Maschinenteile geht man aus von einem geeigneten Metallpulver, für dessen Gewinnung es, entsprechend den örtlichen Verhältnissen und der Eigenart des beabsichtigten Erzeugnisses, verschiedene Möglichkeiten gibt. Bis Kriegsende war in Deutschland zur Gewinnung von Eisenpulver die mechanische Zerkleinerung nach dem „Hametag“-Verfahren vorherrschend, das Wirbelschlagmühlen anwendet. In Schweden und in Amerika wurde in der gleichen Zeit das durch Reduktion von Erzschlich erzeugte billige Schwammeisenpulver bevorzugt. In den letzten Jahren setzte sich aber immer mehr das durch Verdüsen von flüssigem Roheisen oder Stahl gewonnene Pulver durch, das außer guten Verarbeitungseigenschaften auch sehr niedrige Gestehungskosten aufweist. In Ländern mit billigem Strom hat außerdem das Elektrolyteisenpulver Bedeutung erlangt. Das Aussehen nach verschiedenen Verfahren erhaltener Pulverteilchen zeigt Abbildung 1a, b, c und d, den Aufbau einer Verdüsungsanlage Abbildung 2. Verwendet man Roheisen mit etwa 3—4% C zum Verdüsen, so hat dies den Vorteil, daß in einer anschließenden Glühung des Pulvers bei 900 bis

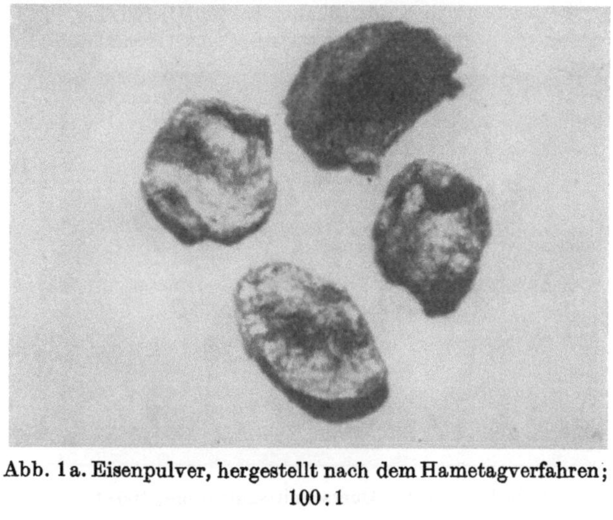

Abb. 1a. Eisenpulver, hergestellt nach dem Hametagverfahren; 100 : 1

1000°C der in den Teilchen vorhandene Kohlenstoff die nach Verdüsen mit Luft auf den Teilchen vorhandene Zunderschicht reduziert. Es entsteht so ein Pulver, das fast völlig C- und O-frei ist und dessen Teilchen, deren Durchmesser vorwiegend zwischen 0,06 und 0,30 mm liegt, eine aufgerauhte Oberfläche besitzen. In der DDR ist zur Zeit die Umstellung von Hametagpulver auf verdüstes Pulver im Gange, in der DBR kann man sie bereits als abgeschlossen bezeichnen.

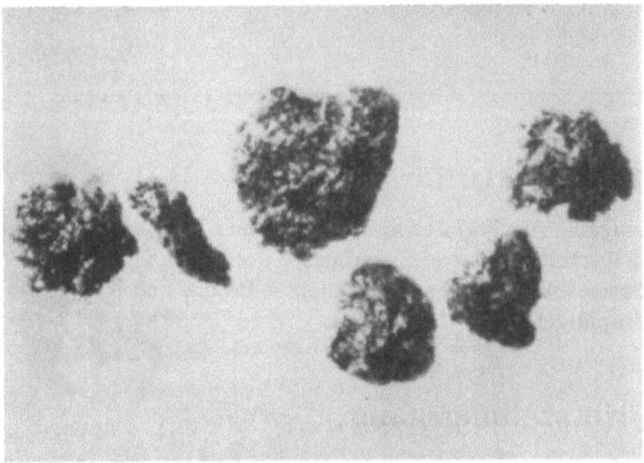

Abb. 1b. Schwammeisenpulver, erhalten durch Reduktion von Eisenerzen; 100 : 1

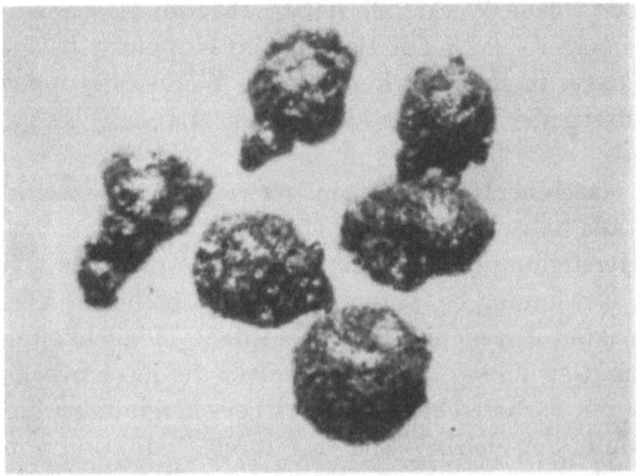

Abb. 1c. Eisenpulver, erhalten durch Verdüsen von Roheisen und anschließende Glühung bei 900° C; 100 : 1

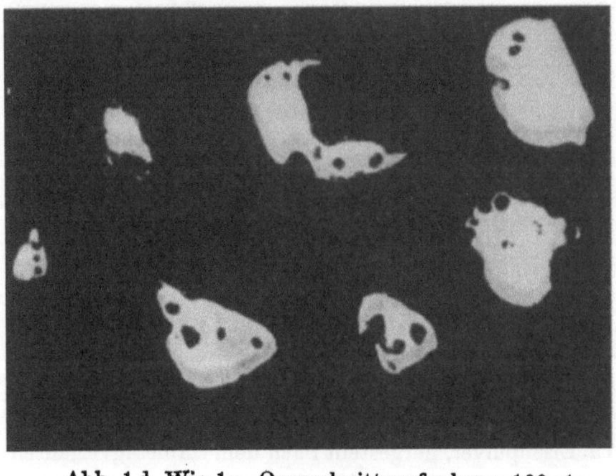

Abb. 1d. Wie 1c, Querschnittsaufnahme; 100 : 1

Bei Pulvern aus Kupferwerkstoffen kommen die Reduktion, die Elektrolyse und die Verdüsung für technische Zwecke in Betracht.

Der Bedarf an Metallpulvern ist in den letzten Jahren außerordentlich gestiegen. Nach amerikanischen Angaben betrug in den USA die Gewinnung von Eisenpulver 1955 31000 t, 1956 wurde sie auf 50000 t geschätzt, bei Kupferpulver lag sie 1955 bei 12000 t [1]. Hauptverbraucher sind der Maschinenbau und die Schweißtechnik.

Die Formgebung der Pulver erfolgt durch Pressen oder Walzen. Die üblichen Verfahren des Pressens von Formteilen sind schematisch in Abbildung 3 dargestellt. Die Reibung der Pulverteilchen aneinander und an der Werkzeugwand verhindern eine gleichmäßige Druckausbreitung, wie wir sie in Flüssigkeiten antreffen. Das hat zur Folge, daß Dichteunterschiede im Preßteil unvermeidlich sind. Sie sind bei Werkstücken mit großem Verhältnis von Höhe zu Durchmesser besonders stark. Da es auch nicht möglich ist, Werkstücke mit einspringenden Kanten und Flächen zu pressen, ist man also bei dieser Methode auf verhältnismäßig einfache Formen angewiesen. Gleitlagerbuchsen mit Bundansatz ließen sich zwar noch mit einfachen Preßwerkzeugen herstellen, meist zieht man es aber vor, die glatte Buchse zu pressen und dann die Außenmantelfläche bis auf den Bundansatz abzudrehen. Zur Verbesserung der Dichte hat man in neuerer Zeit auch das hydrostatische Pressen angewandt, bei dem das in einer Gummihülle befindliche Metallpulver in einem mit Wasser oder Öl gefüllten Druckgefäß verdichtet wird. Durch Einlegen eines Dornes lassen sich Rohrstücke herstellen, die auf Lagerbuchsen zerteilt werden.

Die beim Kaltpressen anzuwendenden Drücke liegen, je nach den gestellten Forderungen, zwischen 2 und 10 t/cm² Preßfläche. Man erreicht damit Dichten zwischen 70 und 90% des theoretischen Wertes. Es liegen also dann Preßteile mit 30—10% Porenraum vor, von dem aber nur ein Teil, etwa 70%, von außen zugänglich ist. Das hat besondere Bedeutung für die Verwendung von Gleitlagern für Selbstschmierung.

Will man porenarme oder gar porenfreie Körper pulvermetallurgisch herstellen, so ist man auf das Heißpressen angewiesen, das allerdings wegen der Oxydation der Pulver bei hohen Temperaturen (es kommen bei Eisenwerkstoffen etwa 800° C in Frage) und der erforderlichen Warmfestigkeit der Werkzeuge mit Schwierigkeiten verbunden und auch verhältnismäßig teuer ist. Die erforderlichen Drücke können aber wesentlich geringer sein, nämlich nur etwa 500 kg/cm².

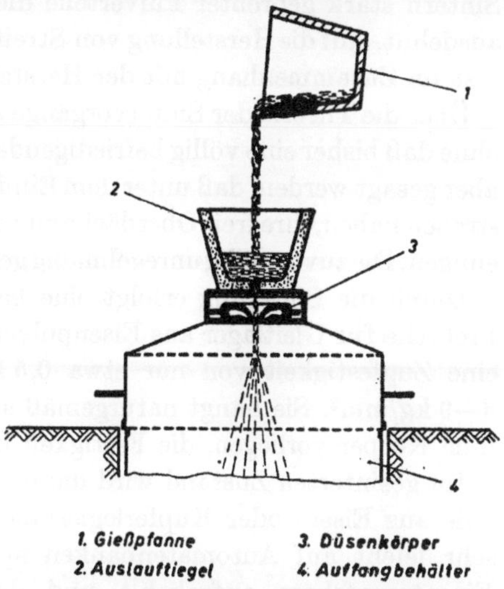

Abb. 2. Aufbau einer Druckverdüsungsanlage zur Herstellung von Metallpulvern

An das Pressen schließt sich das Sintern an. Es wird vorgenommen bei einer Temperatur, die bei etwa ²/₃ der in Kelvingraden ausgedrückten Schmelztemperatur liegt. Man sintert meist in Wasserstoff, neuerdings aber auch vielfach im Vakuum. Das Sintern ist ein verhältnismäßig teurer Arbeitsgang, da dazu Öfen besonderer Bauart erforderlich sind und der Durchsatz nicht sehr groß ist.

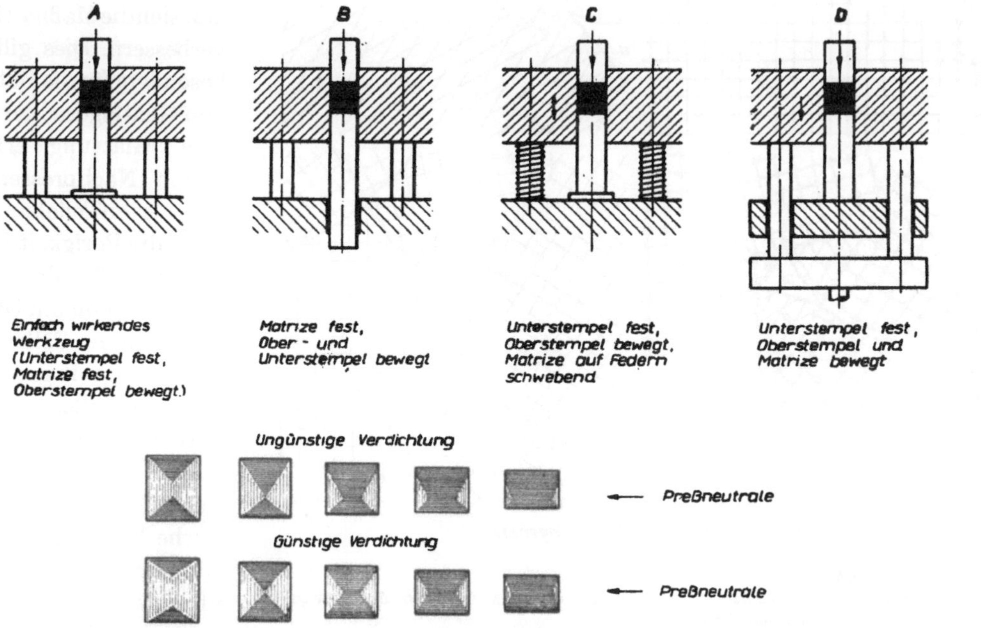

Abb. 3. Schematische Darstellung der wichtigsten Preßverfahren für die Verarbeitung von Metallpulvern (nach H. Silbereisen)

Beim Sintern verschweißen die Teilchen an den Berührungsstellen, ohne daß, wenn wir nur die Verhältnisse beim Sintern von Preßteilen betrachten wollen, der Porenraum dabei merkbar abnimmt. Unter Umständen nimmt die Porigkeit sogar zu. Dies ist der Fall, wenn sich beim Sintern stark gepreßter Pulverteile die im Innern der Poren befindliche komprimierte Luft ausdehnt. Auf die Herstellung von Streifen und Bändern durch Verwalzen von Metallpulver soll erst im Zusammenhang mit der Herstellung von gesinterter Bleibronze eingegangen werden.

Über die Theorie der Sintervorgänge sind zahlreiche Untersuchungen durchgeführt worden, ohne daß bisher eine völlig befriedigende Erklärung gegeben werden konnte [2]. Allgemein darf aber gesagt werden, daß unter dem Einfluß der Oberflächenspannung die Metallteilchen das Bestreben haben, ihre freie Oberfläche zu verringern, indem sie sich an ihren Berührungsstellen vereinigen. Die zuvor völlig unregelmäßig gestalteten Poren erfahren dabei eine Abrundung (Abb. 4).

Durch die Sinterung erfolgt eine beträchtliche Festigkeitssteigerung. Während z. B. die Preßteile für Gleitlager aus Eisenpulver mit rund 25% Porenraum im ungesinterten Zustand eine Zugfestigkeit von nur etwa 0,5 kg/mm² aufweisen, beträgt diese nach dem Sintern 6—9 kg/mm². Sie hängt naturgemäß stark vom Porenraum ab und kann, wenn fast porenfreie Körper vorliegen, die Festigkeit des kompakten Eisens mit etwa 30 kg/mm² erreichen.

Im gesinterten Zustand wird dann die Fertigbearbeitung vorgenommen. Gesinterte Preßteile aus Eisen- oder Kupferlegierungen lassen sich, wenn die Poren mit Öl getränkt sind, sehr leicht auf Automatenbänken spanabhebend bearbeiten. Sintereisenteile können im Einsatzverfahren aufgekohlt und dann oberflächengehärtet werden, wobei wegen der Porigkeit größere Einhärtungstiefen bei sonst gleichen Bedingungen gegenüber den üblichen Einsatzstählen erzielbar sind.

Durch Nachpressen, hier als Kalibrieren bezeichnet, läßt sich die Maßhaltigkeit verbessern. Dies gilt insbesondere für die Bohrung von Gleitlagern, die dabei eine Glättung erfährt. Durch Nachpressen der gesinterten Teile kann man auch die Porigkeit herabsetzen. Außer dem Tränken der Poren mit Öl ist in bestimmten Fällen eine Tränkung mit geschmolzenen Metallen möglich, z. B. bei Sintereisen mit Kupfer oder mit Blei. Ferner ergeben sich zahlreiche Möglichkeiten zum Aufbringen von Schutzüberzügen zur Verbesserung des Korrosionsverhaltens.

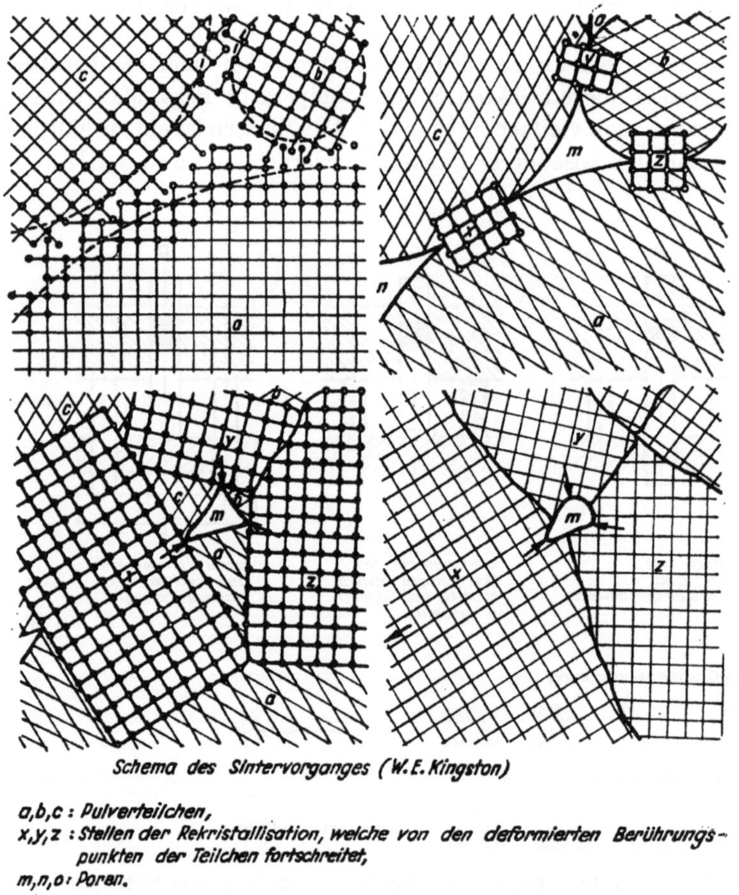

Abb. 4. Schematische Darstellung des Sintervorganges nach W. E. Kingston

Verwendung von Sintermetallen für Gleitlager und Kolbenringe

Querlager

Die porigen Sinterlager haben sich in Deutschland erst nach dem 2. Weltkrieg durchsetzen können. Sie erlangten wegen ihrer Vorteile einen festen Platz auf zahlreichen Gebieten des Maschinen- und Gerätebaues [3], [4]. Es ist bezeichnend, daß das erste DRP über porige Sintermetallager bereits 1908 erteilt worden ist und schon vor 1939 in den USA Sinterlager in größerem Ausmaß angewendet wurden, während in Deutschland im wesentlichen die Entwicklung der Sinterlager erst während des 2. Weltkrieges vor sich ging, wobei Prof. E. HEIDEBROEK und seinen Mitarbeitern ein großes Verdienst zukommt [5], [6], [7]. Abbildung 5 zeigt das Gefüge, Abbildung 6 die wichtigsten Eigenschaften der heute üblichen Sintereisenlager. In der DDR werden sie im VEB Eisen- und Hüttenwerke Thale hergestellt. Seit Kriegsende wurden etwa 20 Millionen dieser Lager geliefert, davon 250000 in Wälzlagerabmessungen als Ein- und als Zweiringlager. Die Abbildungen 7, 8 und 9 unterrichten über die Belastbarkeit bei verschiedenen Schmierverhältnissen. Es handelt sich dabei durchweg um Querlager. Abbildung 10 zeigt ein Zweiringlager in Wälzlagerabmessung. Der Innenring aus gehärtetem Sinterstahl geringer Porigkeit sitzt fest auf der Welle, der Außenring aus weichem Sintereisen mit 25% Porenraum im Gehäuse, zwischen ihnen ist das Lagerspiel, das verhältnismäßig gering gehalten wird.

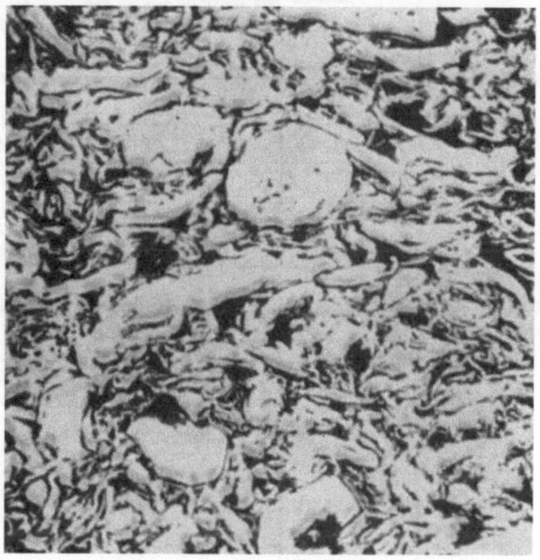

Abb. 5. Gefüge von porigem Sintereisen, hergestellt aus Hametagpulver mit etwa 25% Porenraum; 20 : 1

Die Hauptvorteile der porigen Sinterlager lassen sich wie folgt zusammenfassen: Ausgezeichnete Notlaufeigenschaften, Verwendbarkeit bei Selbst-

1. Wichte	5,8 bis 6,0 g · cm^{-3}
2. Porenraum	etwa 25 %
3. Zerreißfestigkeit	7 bis 10 kg/mm^2
4. Dehnung d_{10}	mind. 2 %
5. Biegefestigkeit	15 bis 20 kg/mm^2
6. Quetschgrenze	9 kg/mm^2
7. Brinellhärte 5/125/30	25 bis 30 Einheiten
8. Eindringtiefe 2,5/62, 5/30 (Rockwellprüfverfahr.)	250 bis 180 mm · 10^{-3}
9. Kerbschlagzähigkeit (ermittelt an DVMR-Stäb.)	etwa 0,3 m · kg/cm^2
10. Wärmeleitvermögen zwischen 20° und 100° C	0,10 kal/cm · s/$grad^{-1}$
11. Wärmeausdehnungskoeffizient, linear, zwischen 20° und 100° C	12 · 10^{-6} $grad^{-1}$
12. Spezifische Wärme zwischen 20° und 100° C	0,11 kal · $grad^{-1}$
13. Elektrischer Widerstand bei 20°C	0,205 Ohm · mm^2/m
14. Chemische Zusammensetzung: C etwa 0,02 %, Mn etwa 0,25 %, Si unter 0,1 %, S unter 0,06 %, P unter 0,03 % und Cu etwa 0,20 %.	

[1]) Davon zugänglich, d. h. mit Öl oder ähnlichen Stoffen tränkbar, etwa 70 %.

[2]) Ungetränktes Sintereisen verhält sich beim Druckversuch ähnlich wie Flußstahl, es läßt sich also ohne Bruch zusammenpressen. Wird es aber mit bei Zimmertemperatur festen Füllstoffen, z. B. Hartparaffin, getränkt, so ist sein Verhalten ähnlich dem keramischer Werkstoffe. Das hier behandelte Sintereisen weist dann eine Druckfestigkeit von etwa 35 kg/mm^2 auf.

Abb. 6. Physikalische und mechanische Eigenschaften sowie chemische Zusammensetzung von Sintereisen für porige Gleitlager schmierung, Sauberkeit im Betrieb, mittlere Belastbarkeit bei Vollschmierung, besondere Eignung für geringe Gleitgeschwindigkeit und pendelnde Gleitbeanspruchung.

Im weiteren Verlauf der Entwicklung ist eine Reihe von Verbesserungen gelungen, die aber bei uns erst in geringem Umfang eingeführt werden konnten [8]. Zur langzeitigen Verwendung als selbstschmierende Lager, d. h. 2—3 Jahre ohne Ölzufuhr, werden in den USA, aber auch

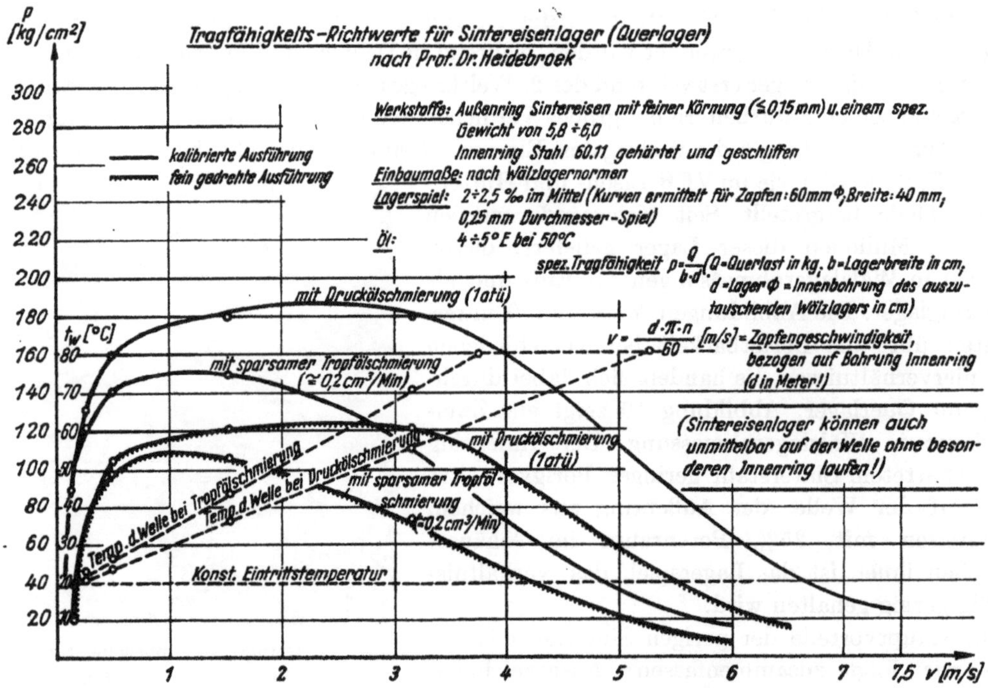

Abb. 7. Tragfähigkeitsrichtwerte für Sintereisenlager (Querlager) nach E. Heidebroek

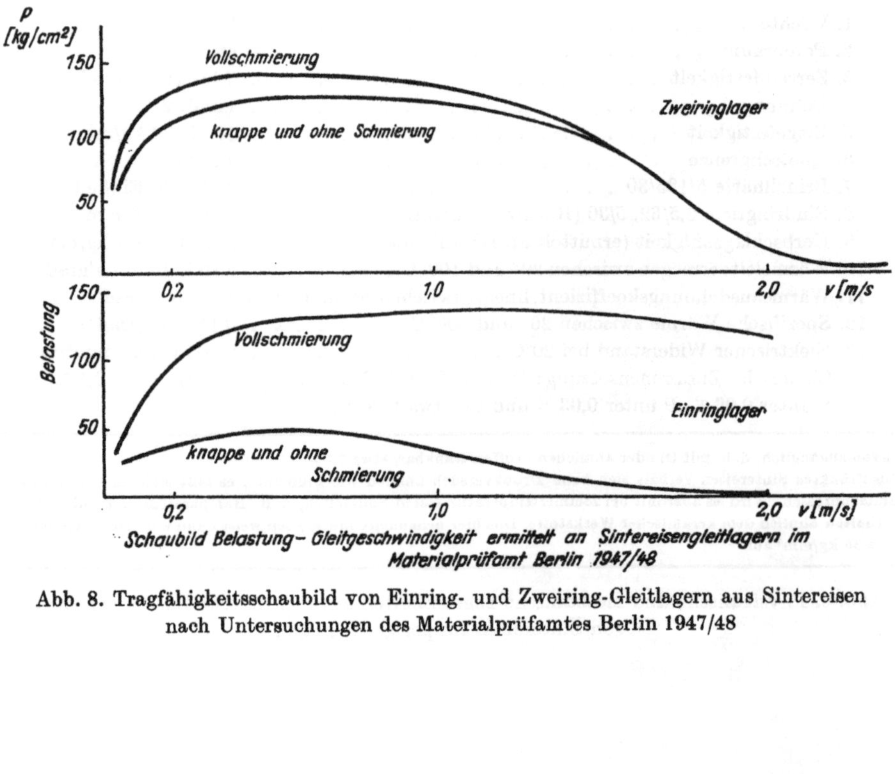

Abb. 8. Tragfähigkeitsschaubild von Einring- und Zweiring-Gleitlagern aus Sintereisen nach Untersuchungen des Materialprüfamtes Berlin 1947/48

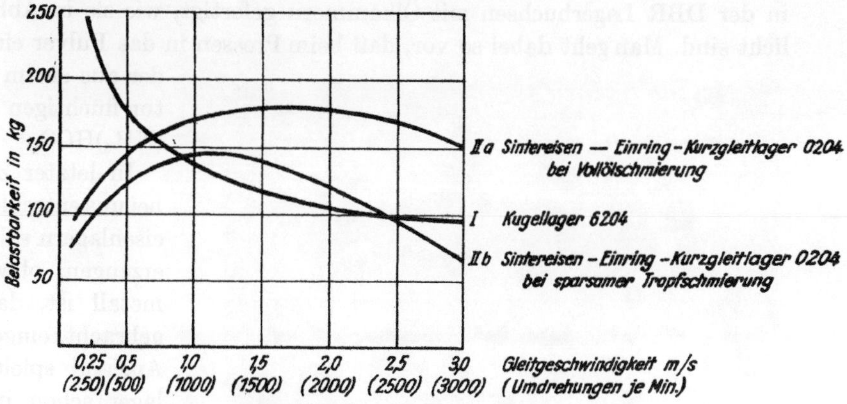

Abb. 9. Belastbarkeitsschaubild eines Kugellagers 6204, berechnet für 5000 Betriebsstunden (I) und eines abmessungsgleichen porigen Sintereisenlagers (II)

Abb. 10. Zweiringlager in Wälzlagerabmessung (Innenring aus gehärtetem Sinterstahl mit etwa 10% Porenraum, Außenring aus weichem Sintereisen mit etwa 25% Porenraum

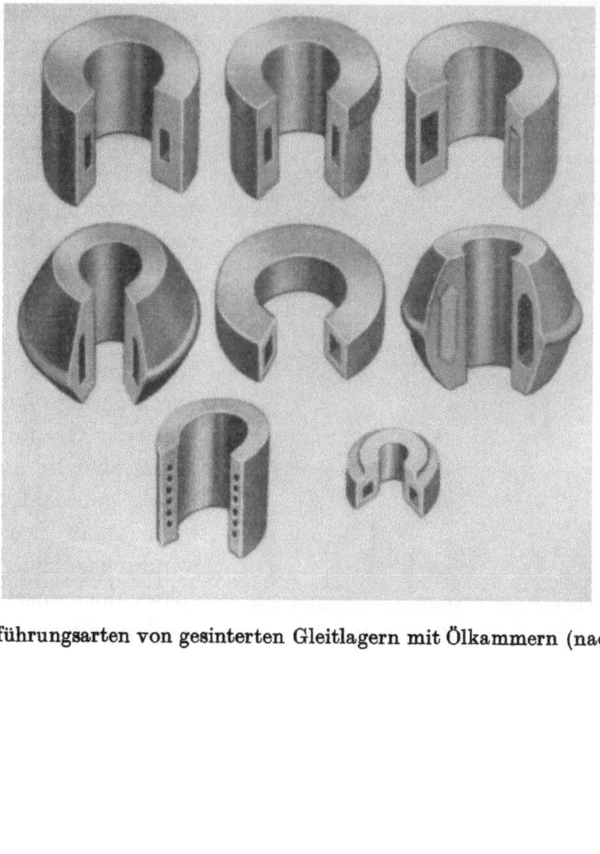

Abb. 11. Ausführungsarten von gesinterten Gleitlagern mit Ölkammern (nach J. Haller)

in der DBR Lagerbuchsen mit Ölkammern gefertigt, wie sie in Abbildung 11 veranschaulicht sind. Man geht dabei so vor, daß beim Pressen in das Pulver ein Kern eingesetzt wird, der aus einem bei der Sintertemperatur flüchtigen Stoff besteht, z. B. aus $(NH_4)HCO_3$.

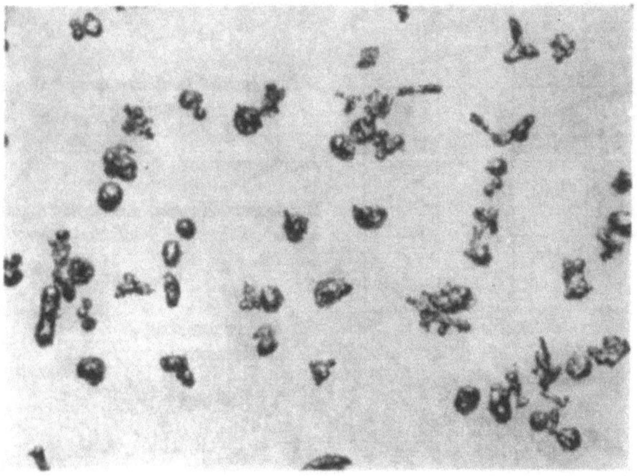

Abb. 12a. Zinnbronzepulver, hergestellt durch Verdüsen; 20:1

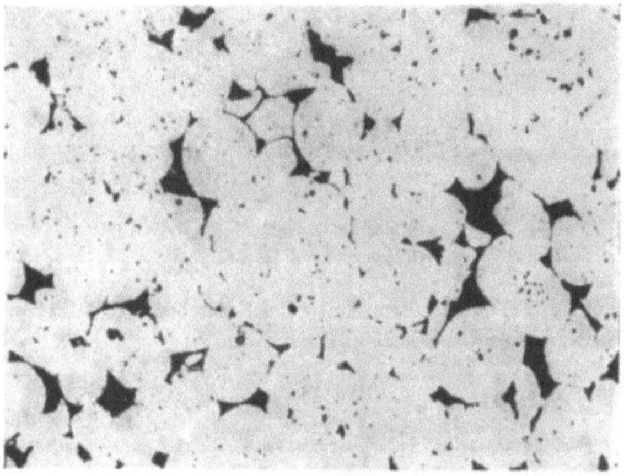

Abb. 12b. Gefügebild einer porigen Sinterbronze, ungeätzt; 100:1

Abb. 12c. Gefügebild einer porigen Sinterbronze, geätzt mit einer 10prozentigen Eisenchloridlösung; 100:1

In letzter Zeit hat man sich auch bei uns entschlossen, neben den Sintereisenlagern solche aus Sinterbronze zu erzeugen, obwohl diese ein Mangelmetall ist, das, wo immer nur angebracht, eingespart werden muß. Im Ausland spielten aber Sinterbronzelager schon immer eine bedeutsame Rolle. Neben ihren etwas besseren Laufeigenschaften ist es vor allem ihre hervorragende Korrosionsbeständigkeit, die ihre Anwendung auf bestimmten Gebieten des Apparatebaues rechtfertigt.

Bei uns werden heute Sinterbronzelager aus verdüsten Bronzepulvern, z. B. in der Qualität SnBz 6, hergestellt. Es hat sich als zweckmäßig erwiesen, einen Teil des benötigten Zinns als Pulver erst vor dem Pressen zuzufügen, so daß die Fertiglegierung erst während des Sinterns entsteht. Das elementar zugesetzte Zinn schmilzt beim Anwärmen auf die Sintertemperatur und verlötet sozusagen die vorliegenden Bronzepulverteilchen mit geringerem Zinngehalt. Beim Sintern selbst findet ein Konzentrationsausgleich statt, indem die Zinnatome in das Korninnere diffundieren. Man bezeichnet diese Art der Sinterung als „Sintern mit flüssiger Phase", da bei den sonst üblichen Sinterungen sich die Vorgänge im festen Zustand abspielen (Abb. 12a, b und c).

Bekannt sind die Vorschläge, die Gleiteigenschaften der Sintermetalle durch geringe Zusätze, vor allem von Blei oder Graphit, zu verbessern. Sie haben aber im allgemeinen nicht den Erfolg gebracht, den man erwartete, wenn man von besonderen Anwendungsgebieten absieht, auf die später noch ausführlicher eingegangen werden soll.

Starke Beachtung fand vor einigen Jahren ein Bericht von G. MAASSEN [9] über Versuche, die mit schwefelhaltigen Sintereisenlagern während des Krieges in Deutschland durchgeführt wurden. Der Originalbericht darüber war verlorengegangen, so daß man nicht mehr alle Einzelheiten wiedergeben konnte. Die Aufnahme des Schwefels erfolgte durch Tränken mit geschmolzenem Schwefel. Derartige Lager sollten für hohe Belastungen und Gleitgeschwindigkeiten besonders geeignet sein. Es bilden sich dünne Sulfidschichten, die ein Fressen verhindern, außerdem übt der Schwefel eine günstige Schmierwirkung aus. Obwohl seit der Veröffentlichung bereits längere Zeit vergangen ist, liegen keine Mitteilungen von anderer Seite vor, welche die Angaben von MAASSEN bestätigen würden.

In den letzten Jahren erschien eine Reihe von Berichten über die ausgezeichnete Eignung von natürlichem MoS_2 als Trockenschmiermittel. Ähnlich wie Graphit kristallisiert MoS_2 hexagonaldichtgepackt unter Ausbildung eines Schichtengitters. Versuche, es auch bei Sintermetallen anzuwenden, fielen nach Angaben von E. GILBERT, F. WIEMER und H. HANEBUTH [10] derart ungünstig aus, daß seine Verwendung in diesem Fall nicht angebracht scheint. Es wäre jedoch wünschenswert, noch weitere Untersuchungen an anderer Stelle aufzunehmen, um das unterschiedliche Verhalten bei porigen und porenfreien Gleitlagern völlig zu klären.

Eine neuartige Entwicklung hat sich angebahnt durch das Tränken von porigen Sintermetallagern mit Kunststoffen, von denen insbesondere das Polytetrafluoräthylen (Handelsbezeichnung Fluon und Teflon, Strukturformel $(CF_2)_n$) Bedeutung erlangt hat. Es hat zwei Eigenschaften, die für einen Gleitwerkstoff sehr wesentlich sind: Einen sehr niedrigen Reibungsbeiwert (0,04 bis 0,05) und eine gute chemische Beständigkeit bis zu Temperaturen von 300° C. In der Kombination mit Metallen tragen diese zur Festigkeit, zur Wärmeableitung und zur geringeren Wärmeausdehnung bei, während die Gleiteigenschaften durch den Kunststoff bestimmt werden. Soweit bekannt, werden solche Lager zur Zeit erst in England hergestellt. Sie haben aber bereits auf dem Kontinent Eingang gefunden und sollen sich in Maschinen der Nahrungs- und Genußmittelindustrie, in Fahrzeugen, Pumpen und Autoklaven bewährt haben [10a].

Die Fertigungstechnik der Pulvermetallurgie wurde jetzt auch für die Herstellung von Bleibronzen für Verbundgleitlager herangezogen, die bisher schmelzmetallurgisch erzeugt wurden, wobei dem Schleudergußverfahren besondere Bedeutung zukam. Man ging aus von der Überlegung, daß die Gleichmäßigkeit der Verteilung von Blei und Kupfer, die sich im festen Zustand überhaupt nicht und im geschmolzenen nur beschränkt miteinander mischen, auf pulvermetallurgischem Wege leichter sein müsse als durch Schmelzen und Gießen. Man hat es pulvermetallurgisch besser in der Hand, ein feinkörniges Gefüge zu erreichen, indem man ein entsprechendes Ausgangspulver wählt. Schließlich war zu beachten, daß sich eine geringe Porigkeit auf die Verwendbarkeit der Bleibronze günstig auswirken müsse. Als Nachteil war eine Festigkeitseinbuße gegenüber dem gegossenen Werkstoff zu erwarten, dessen Festigkeit an sich nicht groß ist. Wegen des großen Unterschiedes in den Schmelzpunkten und der Nichtlegierbarkeit zwischen Blei und Kupfer mußte schließlich mit erheblichen Schwierigkeiten beim Sintern gerechnet werden. Nach zahlreichen Ver-

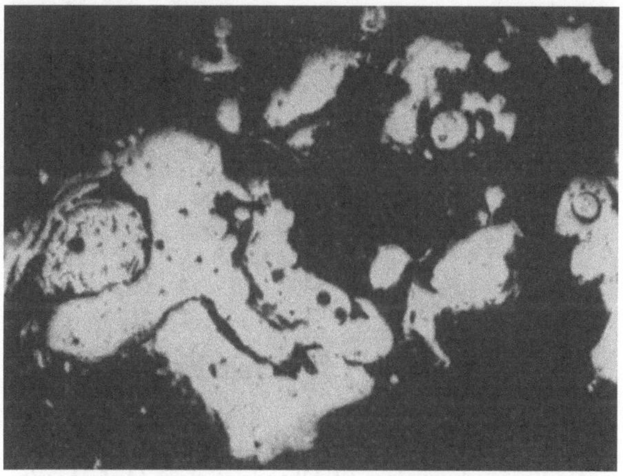

Abb. 13. Kornquerschnitt von Bleibronzepulver, hergestellt durch Verdüsen (Bleigehalt 15%); 200 : 1

suchsreihen ist es aber mit Unterstützung des VEB Berliner Metallhütten- und Halbzeugwerke gelungen, zu einer gesinterten Bleibronze zu gelangen, die nach dem von dem genannten VEB am Lagerprüfstand durchgeführten Messungen der bisherigen Guß-Bleibronze in mancher Hinsicht überlegen ist. Die festgestellte Höchstbelastung von rund 350 kg/mm² liegt in derselben Höhe wie die der Gußlager. Besonders hervorgehoben wurden die vorzüglichen Notlaufeigenschaften, die auf die verbliebene geringe Porigkeit zurückgeführt werden. Die Brinellhärte ist allerdings mit max. 20 kg/mm² noch unter dem bisher für Bleibronze festgelegten Wert. Sie hängt mit dem porigen Gefüge zusammen.

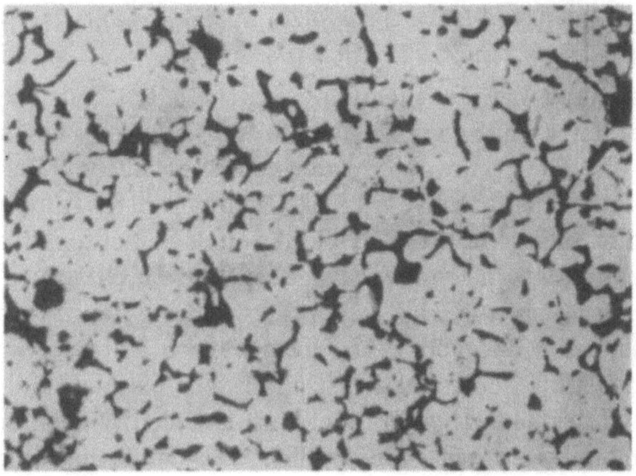

Abb. 14. Gefüge von poriger Bleibronze mit 15% Bleigehalt (die dunklen Flächen zwischen den Körnern können sowohl Blei als auch Poren sein); 200 : 1

Die Herstellung dieser gesinterten Bleibronzelager weicht von den bisher beschriebenen Verfahren wesentlich ab. Da man bei Bleibronze wegen ihrer geringen Festigkeit nicht auf Stahlstützschalen verzichten kann, muß auch hier diesem Umstand Rechnung getragen werden, indem man das Bronzepulver gleich auf ein Stahlband aufwalzt und festsintert, wobei eine dünne Zinnzwischenschicht für die bessere Bindung von Vorteil ist. Das Bronzepulver wird durch Verdüsen einer Schmelze mit der erforderlichen Zusammensetzung erhalten. Die Verteilung des Bleis im Kupfer ist dann eine außerordentlich feine, und sie bleibt im wesentlichen auch bei der Weiterverarbeitung erhalten. Abbildung 13 zeigt den Kornquerschnitt und Abbildung 14 das Gefüge des fertigen Werkstoffes. Abbildung 15 stellt das verwendete Pulverwalzwerk dar, mit dem sich aus Metallpulvern auch Bänder ohne Stahlbandunterlage herstellen lassen.

Abb.15. Pulverwalzwerk zur Herstellung von Metallbändern unter Verwendung einer Stahlbandunterlage (Aufgabeseite, zwischen den zwei Walzenständern ist der Trichter erkennbar, durch den das Pulver dem Walzspalt zugeführt wird)

Die Haftung der Bleibronze auf der Unterlage ist so fest, daß sich aus dem gewalzten und gesinterten Band rißfreie Halbschalen anfertigen lassen. Die Laufschicht wird schließlich durch Feinstdrehen auf genaues Maß nachbearbeitet.

Als letzte Entwicklung seien noch Versuche erwähnt, die feste Verbindung zwischen Bronze und Stützschale durch Metallkleber zu erzielen.

Längslager

Sinterlager sind bisher vorwiegend als Querlager verwendet worden. Um auch Axialdrücke bis zu 20% der Querlast aufnehmen zu können, benutzt man Anlaufscheiben aus gehärtetem Einsatzstahl, die feinstgeschliffen und planparallel sein müssen. Außer den Vorschlägen und Konstruktionsbeispielen für Längslager, die während des Krieges von der DEMAG ausgingen, sind die Untersuchungen von Prof. W. PEPPLER in München beachtenswert, die aber, soweit bekannt, nicht zum Abschluß kamen. Die von ihm am Längslagerprüfstand gefundenen zulässigen Belastungswerte von Scheibenlagern mit Schrägnuten sind, verglichen mit den Zahlen aus der Querlagerprüfung, sehr niedrig. Eingehende Betrachtungen widmete PEPPLER ferner den Ein-Kegel-Gleitlagern, die sowohl Quer- als auch Längsbelastungen aufnehmen sollten. Zu einem befriedigenden Ergebnis ist man damit aber nicht gelangt [11], [12].

Von der Erzeugerseite wurde versucht, die Stirnflächen der Sintereisen-Lagerbuchsen durch Druckpolieren zu glätten, um damit die Reibung zu vermindern und günstigere Verhältnisse für Längsbelastung zu schaffen [13]. Die Ergebnisse der Versuche mit derartigen Lagern, die PEPPLER in seinem Münchner Institut 1944 durchführte, waren jedoch unbefriedigend. Nach dem Krieg wurde dann vorgeschlagen, die Stirnfläche von Scheibenlagern mit Keilflächen zu versehen, was bei Anwendung eines profilierten Preßstempels keine Schwierigkeiten bereitet (Abb. 16). Ähnlich wie bei den Michell-Spurlagern soll dadurch die Entstehung eines Ölpolsters zwischen den metallischen Gleitflächen erreicht werden, so daß nur Flüssigkeitsreibung auftritt. Der Vorschlag fand die Zustimmung von E. HEIDEBROEK. Nach Ableben von Prof. E. HEIDEBROEK ließ sein Nachfolger, Prof. F. TRÄNKNER, die ersten Untersuchungen mit Keilflächen-Spurlagern, die im Forschungsinstitut für metallische Spezialwerkstoffe in Dresden hergestellt worden waren, vornehmen. Sie hatten ein aussichtsreiches Ergebnis. Sie können aber nur als Voruntersuchungen gewertet werden, aus denen Folgerungen für die weitere Entwicklung zu ziehen sind. Dazu gehören die zweckmäßigere Gestaltung der Keilflächen und Ausnutzung der Möglichkeit, die Gleitfläche aus einem besonders hochwertigen Lagerwerkstoff, z. B. Bleibronze, auszuführen. Das Aufbringen einer dünnen Schicht aus einem solchen Werkstoff ist pulvermetallurgisch leicht durchführbar. Die Untersuchungen sind zur Zeit noch im Gange.

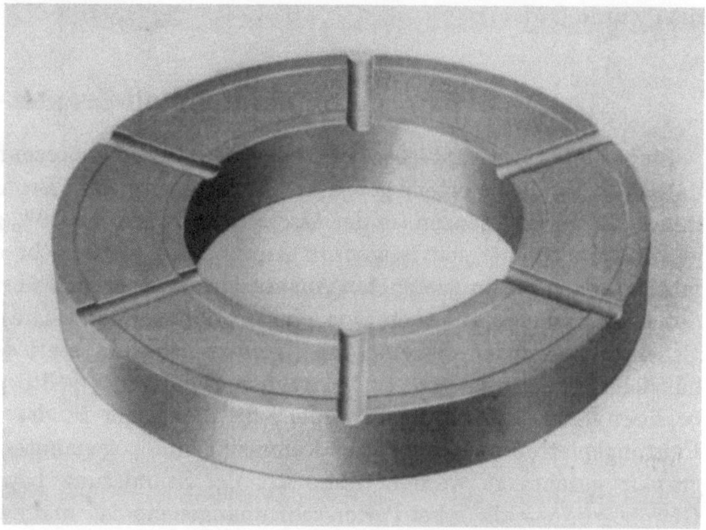

Abb. 16. Scheibenlager aus Sintereisen mit eingeprägten Keilflächen

Kolbenringe

Zu den Maschinenteilen, für die Gleitwerkstoffe benötigt werden, zählen auch die Kolbenringe, die bisher aus Grauguß besonderer Zusammensetzung hergestellt wurden. Bereits während des 2. Weltkrieges sind Versuche aufgenommen worden, Kolbenringe aus porigem

Sinterstahl zu erzeugen, und zwar sowohl im In- als auch im Auslande. Man hoffte nicht nur auf eine Vereinfachung der Fertigung, sondern auch auf eine Qualitätsverbesserung. In Deutschland ist es bei Versuchen geblieben, während in England gesinterte Kolbenringe betriebsmäßig hergestellt worden sein sollen. Auch nach dem Krieg bestand Interesse für Kolbenringe aus Sinterstahl, und es wurden in der DDR die Versuche fortgesetzt. Da die Kolbenringe aus porigem Sintereisen, das im Einsatzverfahren aufgekohlt wurde, nicht die Warmfestigkeitseigenschaften des Si-haltigen Graugusses zeigten, ging man zu Sinterstahl über, dem geringe Gehalte an Chrom und Molybdän bereits bei der Pulverherstellung zugesetzt worden waren. Nach den Versuchen, die E. BAUMGARTL [14] am Motorenprüfstand des Instituts für Werkstoffkunde der Technischen Hochschule Dresden durchführte, entsprachen die Ergebnisse den allgemeinen Anforderungen an Kolbenringe. Es ist somit im wesentlichen eine Frage der Fertigungstechnik, ob sich die gesinterten Kolbenringe gegenüber den Graugußringen werden durchsetzen können. Inzwischen ist bekannt geworden, daß in der Tschechoslowakischen Volksrepublik die Erzeugung der Sinterstahlkolbenringe aufgenommen wurde [15].

Gleitwerkstoffe auf Metall-Graphit-Grundlage

Sinterlager mit Graphitzusätzen bis etwa 6 Gewichtsprozent sind seit langem bekannt, ohne daß sie besondere Vorteile gebracht hätten, ebenso sind Bronzebürsten mit Graphitgehalten innerhalb weiter Grenzen (in der Literatur werden 5 bis 70% genannt) in der Elektrotechnik als Stromabnehmer seit langem in Anwendung. Verursacht durch den Wunsch der Textilfabriken nach einem geeigneten Austauschwerkstoff für Führungsplatten aus Buntmetall in der Gardinenweberei haben vor einigen Jahren Metall-Graphit-Verbundwerkstoffe erneut Beachtung gefunden. Es ging dabei nicht nur darum, statt des Buntmetalls einen leicht erhältlichen Eisenwerkstoff zu bekommen, sondern es sollte gleichzeitig das Problem einer besseren Schmierung gelöst werden, da die bisher in der Gardinenweberei verwendeten Führungsplatten aus einem Sondermessing, die sogenannten „Combsplatten", mit Pudergraphit geschmiert werden. Diese Art der Schmierung bewirkte eine Verschmutzung der Gewebe, die vor allem bei Perlon sehr unangenehm ist, und zwang außerdem zur Einführung von besonderen hygienischen Vorschriften, um gesundheitliche Schäden des Bedienungspersonals zu verhindern. Es gelang, durch Anwendung von 12 bis 18 Gewichtsprozent Graphit, die etwa 30 bis 45 Volumsprozent entsprechen, und Zusatz von 0,8% elementarem Phosphor einen Werkstoff für Combsplatten zu entwickeln, der den Anforderungen

		Graphitanteil Gew. %			
		12,5		20	
		unverd.	verd.	unverd.	verd.
Spezifisches Gewicht	g/cm³	4,9	5,9	4,3	5,2
Porenraum	%	21	5	17	0
Linearer Ausdehnungskoeffizient	$\times 10^{-6}/°C$	9,78	10,38	9,45	10,22
Elastizitätsmodul in der Preßrichtung	kg/mm²	1650	2650	650	1100
Elastizitätsmodul ⊥ zur Preßrichtung	kg/mm²	2100	3600	850	1800
Druckfestigkeit	kg/mm²	18,5	28,7	6,6	8,3
Biegefestigkeit	kg/mm²	14,0	21,9	5,6	8,5
Härte $HB_{5/5-30}$	kg/mm²	46	83,7	20,2	37

Abb. 17. Zusammenstellung der wichtigsten Eigenschaften von zwei Eisen-Graphit-Gleitwerkstoffen mit 12,5 und 20 Gewichtsprozent Graphit (Tabelle)

der Textilfabriken genügte. Zum Erreichen der erforderlichen Festigkeit wurde nach dem Pressen und Sintern noch warm nachverdichtet. Sintertemperatur und Sinteratmosphäre müssen so gewählt werden, daß der Graphit in elementarer Form erhalten bleibt und keine harten Zementitplättchen im Gefüge auftreten. Der Phosphorzusatz trägt entscheidend zur Festigkeitssteigerung bei, da er beim Sintern an der Oberfläche der Eisenteilchen die Bildung einer niedrig schmelzenden Phase ermöglicht, durch welche die Bindung wesentlich erleichtert wird. Anschließend erfolgt dann der Konzentrationsausgleich durch Diffusion.

In Abbildung 17 sind die wichtigsten hier in Frage kommenden Eigenschaften zusammengestellt; Abbildung 18 zeigt einen aus Combsplatten bestehenden „Inside". Der Bedarf an Combsplatten ist sehr groß. Für einen Webstuhl werden etwa 3000 benötigt, so daß die Einsparung an Buntmetall beachtenswert ist. Nachdem die grundlegende Entwicklungsarbeit vom Forschungsinstitut für metallische Spezialwerkstoffe in Dresden geleistet worden ist, soll nunmehr die betriebsmäßige Herstellung in einem volkseigenen Betrieb aufgenommen werden.

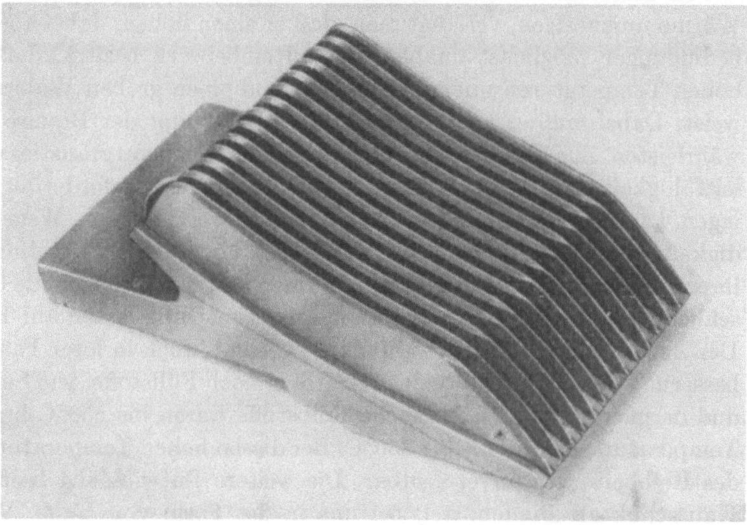

Abb. 18. Inside mit Combsplatten aus Eisen-Graphit-Gleitwerkstoff

Da sich der Graphit-Eisen-Sinterwerkstoff mit Phosphorzusatz für die Gardinenwebstühle als geeignet erwiesen hatte, sollen auch die Combsplatten für Tüllwebstühle aus diesem Werkstoff geliefert werden. Hier liegen aber die Verhältnisse wegen der verwickelteren Form und der geringen Dicke von nur 0,5 mm wesentlich schwieriger. Es wurde deswegen von vornherein der Weg beschritten, den Gleitwerkstoff auf ein Trägerstahlblech aufzusintern. Zur Zeit sind bereits entsprechende Versuchsreihen zur Ermittlung der besten Arbeitsbedingungen im Gange.

Angeregt durch diese guten Resultate wurde nach weiteren Einsatzmöglichkeiten gesucht. Davon seien noch einige angeführt, welche die vielseitige Verwendbarkeit kennzeichnen. Im Dampfturbinenbau sollen die Bronzelager der Wellen für die Turbinensteuerung, die lediglich eine pendelnde Bewegung ausführen, durch Eisen-Graphit-Lager ersetzt werden. Man hofft, damit die bisher bestehenden Schwierigkeiten, die sich durch die Betriebstemperaturen um 200° C ergeben und die sich auch bei Anwendung von Silikonöl nicht beseitigen ließen, zu vermeiden. Es liegen Lagerdrücke von 10 bis 20 kg/cm² vor. Gleitlager für sehr niedrige Temperaturen, nämlich —100 bis —160° C unter Stickstoffatmosphäre benötigt der Strömungsmaschinenbau in einem Spezialfall. Da sich Kohlelager nicht bewährt haben, sollen nunmehr Eisen-Graphit-Lager versucht werden. Ferner kommen Eisen-Graphit-Werkstoffe mit hohem Graphitgehalt für die Lagerung von schwer zugänglichen Fernheizleitungsrohren in Frage, die durch die Wärmeausdehnung sowohl in axialer Richtung als auch senkrecht dazu Bewegungen bis zu mehreren Hundert Millimetern machen können.

Das allgemeine Interesse für öllose Gleitlager geringer Schlagempfindlichkeit war der Anlaß zu einer eingehenderen Prüfung der Eisen-Graphit-Lager mit Phosphorzusatz. Sie ergab, daß zwar die Gleiteigenschaften gegenüber reinen Kohlelagern etwas zurückstehen, daß sie aber, wie erwartet, weniger schlagempfindlich sind als diese. Weiter war bemerkenswert, daß beim üblichen Pressen die schuppenförmigen Graphitteilchen sich senkrecht zur Preßrichtung einzustellen trachten und somit mit ihren schmalen Seitenflächen an der Gleitfläche enden. Dies wirkt sich sowohl im Gefüge als auch im Bruchaussehen und in dem Laufverhalten der Lager aus. Es konnte dann gezeigt werden, daß sich hydrostatisch gepreßte Lagerbuchsen besser verhalten.

Reibwerkstoffe für Brems- und Kupplungsbeläge

Von einem Reibwerkstoff, der die Aufgabe hat, in einer Bremse kinetische Energie in Wärme umzusetzen, verlangt man, daß er einen hohen, dabei aber von den Beanspruchungsbedingungen möglichst unabhängigen Reibbeiwerk besitzt, daß er gegen die auftretenden hohen Temperaturen unempfindlich ist und einen großen Widerstand gegen Verschleiß aufweist. Dabei muß er auch noch bei der Betätigung der Bremse einen weichen Eingriff gewährleisten. Zur Verhinderung eines zu hohen Temperaturanstiegs ist schließlich gute Wärmeleitfähigkeit erwünscht. Solange noch keine hohen Anforderungen in diesen Belangen vorlagen, kam man mit Holz oder Leder als Reibwerkstoff aus. Wegen der größeren Hitzebeständigkeit ging man dann später zu Asbest über, der in Bandform mit organischen Stoffen imprägniert wurde. Dazu dienten Bitumen, Asphalt, trocknende Öle und ähnliche Stoffe, und schließlich gelangte man zur Anwendung von Duroplasten auf Phenolbasis als Bindemittel. Der Asbest wurde dabei sowohl als Gewebe als auch in loser Faserform verwendet. Zur Verbesserung der Wirkung wurden außerdem noch Füllstoffe, wie Schwerspat, Kreide, Kieselgur und dergleichen zugefügt. Solche Reibstoffe waren bis 250° C brauchbar und ertrugen sogar Temperaturspitzenwerte bis 350° C. Bei diesen hohen Temperaturen war jedoch ein Absinken des Reibbeiwertes unvermeidbar. Die weitere Entwicklung bestand in der Einführung von Kautschuk als Bindemittel, bei uns in der Form von Buna. Während des 2. Weltkrieges machte sich der Asbestmangel sehr unangenehm bemerkbar, und man trachtete, zu asbestfreien Belängen überzugehen. Nach langwierigen Versuchen fand man schließlich in feinfasriger Stahlwolle in Bunabindung unter Zusatz bestimmter Füllstoffe, insbesondere Eisenoxyd, einen hervorragenden Austauschreibstoff.

In den USA hatte bereits mehrere Jahre vor dem Krieg eine andere Entwicklung eingesetzt, deren Ergebnisse bei uns viel später bekannt wurden. Ausgehend von der Erkenntnis, daß bei den immer größer werdenden Geschwindigkeiten der Kraftfahrzeuge und Flugzeuge die in den Bremsbelägen auftretenden Temperaturen die Anwendung organischer Bindestoffe unmöglich machen werden, befaßte man sich mit der Möglichkeit, Reibstoffe durch Sintern von Pulvermischungen aus metallischen und nichtmetallischen Bestandteilen herzustellen. Diese Bestrebungen führten zu einem Hochleistungsreibstoff, der außer in der Flugzeug- und Fahrzeugindustrie auch im Werkzeugmaschinenbau und der Fördertechnik zahlreiche Anwendungsmöglichkeiten fand, z. B. in schweren Friktionsschmiedepressen oder in Baggern.

Der heute in den USA von der Fa. S. K. Wellmann Co. pulvermetallurgisch erzeugte Reibstoff hat z. B. folgende Zusammensetzung:

Cu 62%, Sn 7%, Pb 12%, Fe 8%,
C (Graphit) 7%, SiO_2 (Kieselgur) 4%.

Die gut vorbereitete Mischung wird zunächst kalt verpreßt und dann unter Druck auf eine Stahlunterlage, die zuvor galvanisch verkupfert wurde, aufgesintert. Nach der mitgeteilten Analyse handelt es sich um eine Zinnbronze, der zur Erhöhung des Verschleißwiderstandes

Eisen und zum Einstellen des verlangten Reibbeiwertes Graphit und Kieselsäure zugesetzt wurden. Das zugefügte Blei liegt elementar in feiner Verteilung vor. Seine Wirkung besteht darin, daß es bei Auftreten von Temperaturen über 330° C schmilzt. Dadurch wird zunächst Wärme gebunden; das Auftreten einer flüssigen Phase an der Reibfläche verursacht aber auch einen Abfall des Reibbeiwertes und wirkt damit ebenfalls einem weiteren Temperaturanstieg entgegen.

Selbstverständlich hat man in der Folgezeit wiederholt versucht, gesinterte Reibstoffe auch auf Eisenbasis zu erhalten. Diese Bestrebungen blieben zunächst erfolglos, sie wurden aber fortgesetzt, bis es schließlich doch gelang, auch ohne Buntmetall einen Hochleistungsreibstoff zu entwickeln, der bereits jetzt einen großen Teil der gestellten Anforderungen erfüllen kann. Die dazu erforderlichen Versuche und Messungen wurden zunächst im Institut für Werkstoffkunde der Technischen Hochschule Dresden und dann später im Forschungsinstitut für metallische Spezialwerkstoffe in Dresden durchgeführt. Bevor über sie und ihre Ergebnisse berichtet wird, soll noch kurz auf die Prüfung der Reibstoffe eingegangen werden.

Nach Prof. KUTZBACH, der sich ausführlich mit der Untersuchung von Reibstoffen befaßte, sind zwei Grenzfälle der Bremsung zu unterscheiden:

1. die Massen- oder Stoppbremsung
und 2. die Leistungs- oder Dauerbremsung.

Bei der Massen- oder Stoppbremsung findet eine Verminderung der Geschwindigkeit der bewegten Massen statt, gegebenenfalls bis auf Null, bei der Leistungs- oder Dauerbremsung bleibt die Geschwindigkeit unverändert, es wird lediglich die Leistung der „Talfahrt" verbraucht.

Man kann die Reibstoffe sowohl auf einem Prüfstand untersuchen, der den Bedingungen der Massen- oder Stoppbremsung entspricht, als auch auf einem Prüfstand, der sich den Verhält-

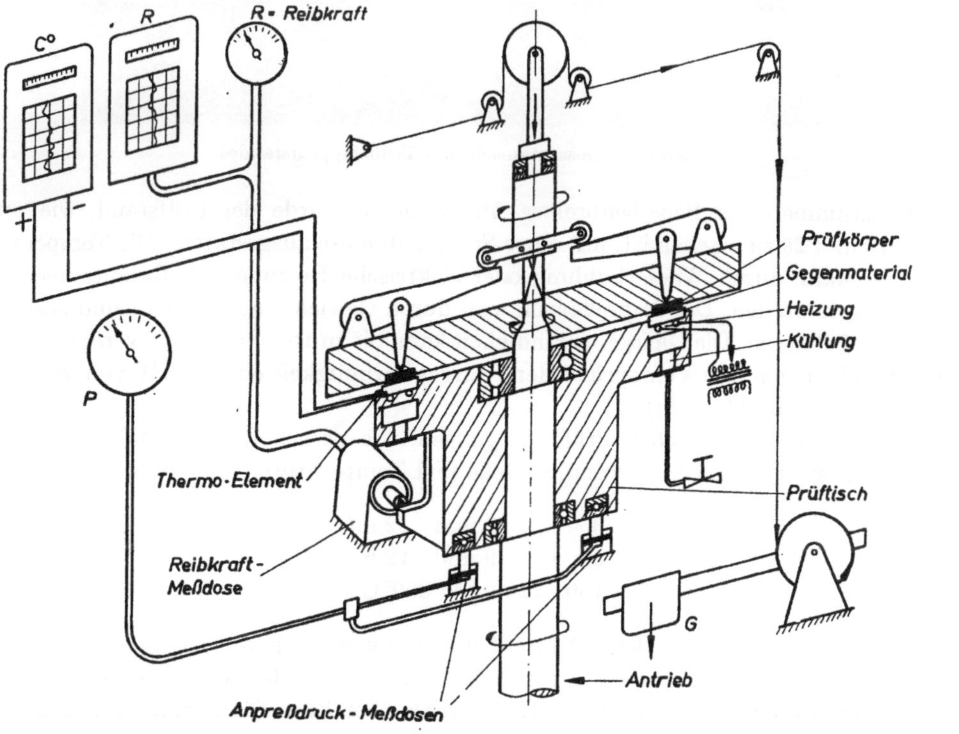

Abb. 19. Schematische Darstellung eines Teilbelagprüfstandes mit Scheibenbremse

nissen bei einer „Talfahrt“ anpaßt. Bei der Prüfung muß der zu untersuchende Reibstoff mit einer Gegenfläche aus einem Werkstoff zusammengebracht werden, der den praktischen Voraussetzungen entspricht, z. B. Grauguß bestimmter Zusammensetzung.

Als Einflußgrößen kommen in Betracht: Der Anpreßdruck, die Gleitflächentemperatur, die Gleitgeschwindigkeit, der Antrieb und der Werkstoff der Gegenfläche. Einzelheiten, die bei der Prüfung zu beachten sind, sollen hier nicht weiter erörtert werden.

Um erfolgreiche Entwicklungsarbeiten vornehmen zu können, mußte als eine der ersten Arbeiten der Bau eines Prüfstandes aufgenommen werden. Wir entschieden uns für die Bauart nach Prof. KOESSLER, Braunschweig, die den heutigen gesteigerten Anforderungen entsprechend angepaßt wurde. Es handelt sich bei der von uns verbesserten Ausführung um einen Teilbelagsprüfstand, bei dem die Proben bewegt werden. Entsprechend der Tendenz,

Abb. 20. Gesamtansicht des Teilbelagprüfstandes

von der Trommel- zur Scheibenbremse überzugehen, wurde der Prüfstand, wie aus Abbildung 19 und 20 zu ersehen ist, mit einer Scheibenbremse ausgestattet. Die Temperatur der Gleitfläche kann durch Wasserkühlung oder elektrische Heizung von Raumtemperatur bis 400° C geregelt werden. Der Anpreßdruck wird durch Gewichte aufgebracht und läßt sich bis zu 12 kg/cm² steigern. Die Gleitgeschwindigkeit kann bis zu 15 m/s variiert werden (eine Gleitgeschwindigkeit von 9 m/s entspricht der Fahrgeschwindigkeit eines PKW von 90 km/h und der eines LKW von 60 km/h).

Entsprechend den amtlichen Prüfbedingungen, wie sie schon früher galten, wurden folgende Gleitgeschwindigkeiten, Anpreßdrücke und Temperaturen angewandt:

3, 6, 9 und 12 m/s
3, 6, 9 und 12 kg/cm²
150, 225 und 300° C.

Die Entwicklung des Reibstoffes auf Eisenbasis ging von den guten Resultaten aus, die während des Krieges mit Stahlwolle in Bunabindung erreicht worden waren. Als Grundmischung wurde Eisenpulver mit 4% Graphit verwendet. Da aber Buna für Temperaturen über 300° C ungeeignet ist, wurde dann versucht, eine unmittelbare Bindung der Eisenteilchen durch Sintern bei hohen Temperaturen zu erreichen. Die weiteren Untersuchungen führten schließlich dazu, einen Eisen-Graphit-Werkstoff mit hohem Graphitanteil anzuwenden, der zur Verbesserung der Festigkeit noch etwa 0,8% P enthielt. Das ist grundsätzlich derselbe Werkstoff, der sich auch als ölloser Gleitwerkstoff bewährt. Durch Wahl der Zusammensetzung und der Wärmebehandlung sowie durch Nachpressen hat man es in der Hand, die Eigenschaften dem vorgesehenen Verwendungszweck anzupassen. Vor allem ist darauf zu achten, daß es nicht durch Überhitzung beim Sintern zur Bildung von hartem ternären Fe-C-P-Eutektikum kommt. Bei richtiger Abkühlgeschwindigkeit ist es möglich, daß der beim Sintern zum Teil im Mischkristall gelöste Kohlenstoff wieder elementar ausgeschieden wird. Abbildung 21 zeigt das Gefüge bei 45 Volumprozent Graphit. Die Eigenschaften einiger bisher geprüfter Reibstoffe auf Basis Eisen-Graphit sind in Abbildung 22 zusammengestellt. Es geht daraus die Abhängigkeit des Reibbeiwertes μ und des Verschleißes vom Graphitgehalt hervor.

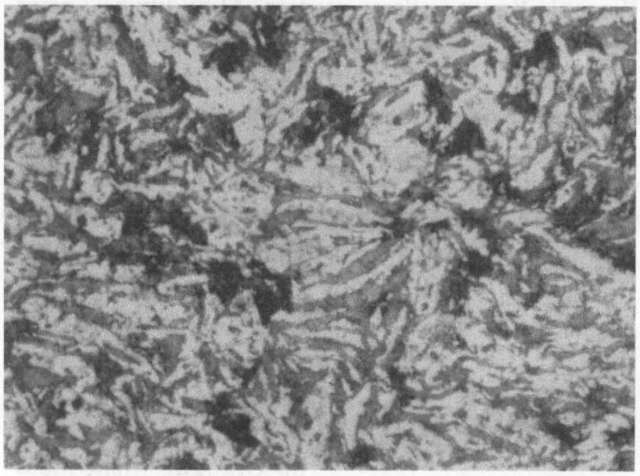

Abb. 21. Gefüge eines Reibstoffes auf Basis Eisen-Graphit-Phosphor mit 45 Volumsprozent Graphit; 200 : 1

Die Biegebruchfestigkeit der Reibstoffe mit hohem Graphitgehalt liegt zwischen 5 und 8 kg/mm². Sie ist damit so hoch, daß man in den meisten Fällen ohne Stützkörper auskommt. Sie läßt sich durch Nachverdichten noch etwas steigern.

Bei der Verwendung für Kupplungslamellen ist jedoch ein Aufsintern auf Trägerbleche erforderlich. Als Bindemittel wird ein geeignetes Hartlot verwendet, das auch eine niedrig schmelzende Fe-P-Legierung sein kann. Solche Kupplungen erwiesen sich als sehr gut verwendbar bei Trockenlauf. Bei Lauf unter Öl muß durch Nachverdichten der nach dem Sintern noch vorhandene Porenraum beseitigt werden, da sich sonst das Öl darin festsetzt und den Reibwert stark herabsetzt. Zur Zeit sind noch Versuche mit Kupplungslamellen unter Öllauf im Gang, um die günstigste Werkstoffzusammensetzung

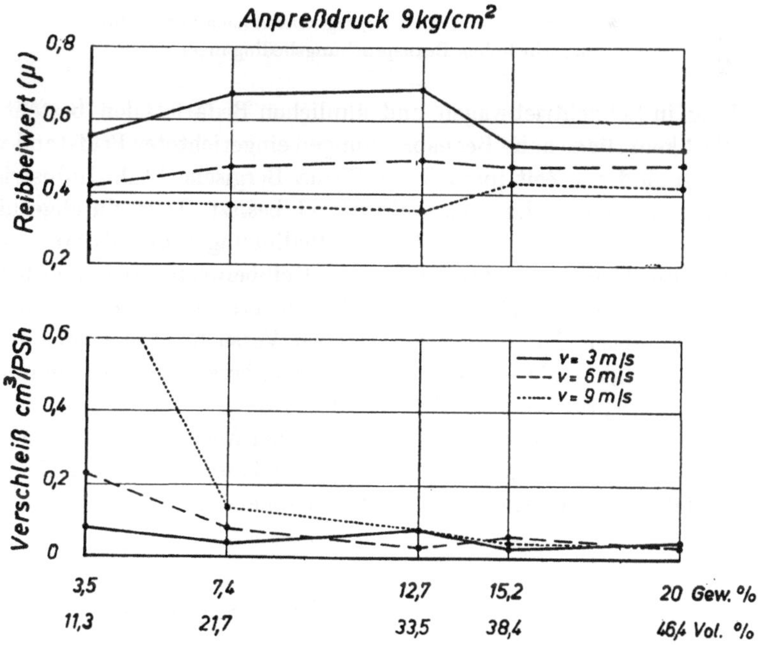

Abb. 22. Reibbeiwert und Verschleiß von Reibstoffen auf Basis Eisen-Graphit-Phosphor in Abhängigkeit vom Graphitgehalt

für diesen Fall zu ermitteln. Der Reibwert wurde mit $\mu = 0{,}10$ gefunden, das ist etwa um 50% höher als der Reibwert bei Stahl auf Stahl.

Außer den Versuchen auf dem eigenen Prüfstand wurden noch Messungen auf einem Ganzbelagprüfstand des VEB Cosid-Werke, Dresden-Coswig, durchgeführt, welcher der Bremse eines 1,5 t-LKW entspricht. Hier erwies sich der Reibstoff mit etwa 45 Volumprozent Graphit am günstigsten. Er zeigte bis zu Temperaturen um 500° C eine hervorragende Konstanz des Reibbeiwertes und erfuhr auch nach Beanspruchung, die zur Rotglut führte, noch keine chemische Veränderung. Der festgestellte Verschleiß war äußerst niedrig. Abbildung 23 zeigt die Bremstrommel mit den Belagsegmenten nach dem Versuch unter sehr hohen Beanspruchungsbedingungen.

Zur Zeit laufen Versuche, die Leistungsfähigkeit der Eisen-Graphit-Reibstoffe noch weiter zu steigern, damit sie auch den Ansprüchen, die in den Schnelltriebwagen der Reichsbahn vorliegen, genügen. Es treten dort Gleitgeschwindigkeiten von 23 m/s (entsprechend einer Fahrgeschwindigkeit von 120 km/h) und Anpreßdrücke von 4 bis 5,5 kg/cm² auf. Die sich bei längeren Talfahrten einstellenden Temperaturen liegen, wenn für ausreichende Kühlung gesorgt wird, unter 500° C. Man verwendet, da Grauguß nicht mehr befriedigt, gegenwärtig Scheibenbremsen mit Kunststoffbelag und ist auf der Suche nach noch besseren Belagwerkstoffen. Die Schwierigkeit der Weiterentwicklung des Eisen-Graphit-Reibstoffes für die Anwendung in Schnelltriebwagen und ähnlichen Bedarfsfällen besteht bei uns darin, daß in der DDR kein für so hohe Beanspruchungen eingerichteter Prüfstand vorhanden ist. Prüfmöglichkeiten sind zur Zeit nur bei der Firma Bergische Stahl-Industrie in Remscheid (DBR) gegeben, die einen derartigen Prüfstand besitzt. Dort durchgeführte Orientierungsversuche zeigten, daß das Verhalten bei den Bedingungen der Talfahrten zufriedenstellend war und auch die Einhaltung des geforderten Reibbeiwertes zwischen 0,32 und 0,38 möglich ist. Es muß aber noch die Neigung zum Rundfeuern, die auf einen starken Abrieb zurückgeht, beseitigt werden. Die dazu erforderlichen Versuche sind eingeleitet. Ihre Durchführung wird beschleunigt werden, sobald der in Coswig bereits im Bau befindliche Prüfstand für derartig hohe Beanspruchungen fertiggestellt ist.

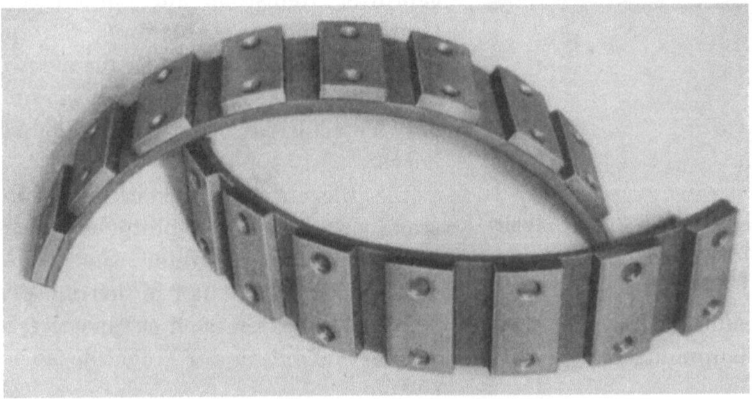

Abb. 23. Bremstrommel mit Belagsegmenten nach der Prüfung bei sehr hohen Beanspruchungsbedingungen

Der Verfasser möchte am Schluß seiner Ausführungen die Verdienste seines Mitarbeiters Dr.-Ing. E. STROBEL hervorheben, der insbesondere an der Entwicklung des im Bericht behandelten Eisen-Graphit-Reibstoffes maßgebenden Anteil hatte.

Zusammenfassung

Nach einer allgemeinen Beschreibung des Herstellungsganges von Sintereisen, Sinterstahl und Sinterbronze, wie sie für Gleit- und Reibwerkstoffe in Betracht kommen, werden zunächst die porigen Gleitlager besprochen und die in den letzten Jahren auf diesem Gebiet erzielten wichtigsten Verbesserungen erörtert. Besondere Erwähnung findet dann die gesinterte Bleibronze, die bereits für Gleitlagerzwecke sehr gute Ergebnisse gezeigt hat. Dabei wird auch auf das Walzen von Metallpulvern hingewiesen. Während Querlager aus Sintermetallen heute im Maschinenbau schon auf zahlreichen Gebieten mit Erfolg angewendet werden, waren mit Längslagern bisher noch keine befriedigenden Ergebnisse zu erzielen. Es scheint aber nach durchgeführten Vorversuchen ein Scheibenlager aus Sintermetall mit eingeprägten Keilflächen gute Aussichten zu haben. Gesinterte Kolbenringe sind bisher in Deutschland noch nicht angewendet worden, obwohl die auf einem Motorenprüfstand damit vorgenommenen Versuche gut ausgefallen sind. Dagegen werden in der Tschechoslowakischen Volksrepublik bereits gesinterte Kolbenringe betriebsmäßig erzeugt und bewähren sich in der Praxis.

Verbundwerkstoffe aus Eisen mit Graphitzusätzen zwischen 12 und 18% sind geeignet als Gleitführungen in der Textilindustrie (als sogenannte Combsplatten in der Gardinenweberei). Zur Erhöhung der Festigkeit wird der Pulvermischung 0,8% elementarer Phosphor zugesetzt, der die Bildung einer flüssigen Phase zu Beginn des Sinterns ermöglicht und damit den Sinterprozeß erleichtert. Bei sehr dünnen Combsplatten wird der Eisen-Graphit-Werkstoff auf dünnes Stahlblech aufgesintert. Für Eisen-Graphit-Werkstoffe gibt es eine Reihe weiterer Einsatzmöglichkeiten, wenn Gleitführungen ohne Anwendung von Öl, d. h. bei völliger Trockenschmierung, benötigt werden.

Eisen-Graphit-Werkstoffe mit hohem Graphitgehalt haben sich ferner als Brems- und Kupplungsbeläge sehr gut bewährt. In dem Bericht wird ein verbesserter Teilbremsprüfstand beschrieben, auf dem die Messungen zur Entwicklung eines geeigneten Reibwerkstoffes auf Basis Eisen-Graphit mit Phosphorzusatz vorgenommen wurden. Durch Wahl der Zusammensetzung, gegebenenfalls unter Zusatz weiterer Stoffe, wie Blei oder Kieselsäure, ist man in der Lage, den Reibbeiwert den gestellten Forderungen anzupassen. Bei der Verwendung des Reibstoffes für Kupplungslamellen unter Öl sind Reibbeiwerte um $\mu = 0{,}10$ festgestellt worden. Außer den Versuchen auf dem Teilbelagprüfstand sind Messungen auf Ganzbelagprüfständen durchgeführt worden, die auf die Verwendungsmöglichkeit in Fahrzeugen verschiedener Art Schlüsse zulassen. Trotz Beanspruchung bis zur Rotglut hat der Reibwerkstoff aus Eisen-Graphit keine chemische Veränderung erfahren, und der Reibbeiwert blieb auch bei Betriebstemperaturen bis zu 500°C nahezu konstant. Die Biegebruchfestigkeit der Werkstoffe mit hohem Graphitgehalt liegt zwischen 5 und 8 kg/mm².

SCHRIFTTUM

[1] C. G. Goetzel: Powder Metallurgy, 1956 — a brief review of the state and the art in the United States Powder Metallurgy Bulletin, Bd. 7, Nr. 3—6, S. 94/95

[2] F. Thümmler: Theorie der Sintervorgänge, erschienen in F. Eisenkolb „Die neuere Entwicklung der Pulvermetallurgie", Verlag Technik, Berlin 1955, S. 108/196

[3] F. Eisenkolb: Die Entwicklung der metallkeramischen Lager. Archiv für Metallkunde, Bd. 1, 1947, S. 354/352

[4] F. Eisenkolb: Porige Sinterwerkstoffe, erschienen in F. Eisenkolb „Die neuere Entwicklung der Pulvermetallurgie", Verlag Technik, Berlin 1955, S. 323/332

[5] E. Heidebroek: Tragfläche von Lagerschalen aus Sintereisen. Z. VDI, 88 (1944), S. 205/207

[6] St. Fronius: Die metallkeramischen Werkstoffe im Gleitlagerbau. Archiv für Metallkunde, Bd. 1, 1947, S. 352/356

[7] E. Heidebroek: Richtlinien für den Austausch von Wälzlagern gegen Gleitlager (Arbeitsblätter), Berlin 1949, Druckschriftenvertrieb der Kammer der Technik (Blatt 14)

[8] F. Eisenkolb: Versuche mit selbstschmierenden Sinterlagern. In E. Heidebroek „Schmierstoff- und Lagerfragen"; Referate, gehalten auf der Fachtagung des Arbeitsausschusses „Lager und Schmierung" der Kammer der Technik am 18. und 19. 11. 1949 in Dresden (Teil I, II und III), Verlag Technik, Berlin 1952, S. 6/14

[9] G. MAASSEN: Anwendbarkeit von schwefelgetränktem Sintereisen als Gleitwerkstoff (Bericht Nr. 18 des Ausschusses für Pulvermetallurgie beim VDEh und beim VDI). Stahl und Eisen 73 (1953), S. 219/222
[10] E. GILBERT, H. WIEMER und R. HANEBUTH: Untersuchungen über den Einfluß von Molybdänsulfid auf die Gleiteigenschaften von Sinter- und Graphitlagern. Schmiertechnik 3 (1956) Nr. 2, S. 74/77
[10a] W. WEBER: Kunststoffgetränkte Gleitlagerbaustoffe. Konstruktion 8, Heft 12, 1956, S. 507/509
[11] W. PEPPLER: Der Kegelwinkel bei Einfachkegel-Kurzgleitlagern. München, Februar 1945, Technische Hochschule (Bericht in Maschinenschrift, als Lichtpause vervielfältigt)
[12] W. PEPPLER: Untersuchungen ebener Scheiben-Drucklager aus Sintereisen mit nachverdichteter und nicht nachverdichteter Lauffläche; Schrägnutschmierung. München, 28. 2. 1945, Technische Hochschule (Bericht in Maschinenschrift, als Lichtpause vervielfältigt)
[13] DWB 1118, erteilt an F. EISENKOLB. Längslager (Spurlager) und Verfahren zu seiner Herstellung.
[14] E. BAUMGARTL: Beiträge zur Weiterentwicklung der Werkstoffe für Verbrennungsmotoren (Dr.-Ing.-Dissertationsarbeit 1956 an der Techn. Hochschule Dresden)
[15] J. BĚLÁK: Spékané pístní kroužky (Gesinterte Kolbenringe). Technické zprávy VUPM (Technische Berichte des Forschungsinstitutes für Pulvermetallurgie in Vestec bei Prag) 1955, Nr. 4—5, S. 28/32